Andrea Spinelli

Transplanting e prove di reclutamento di Pinna nobilis L., 1758

Andrea Spinelli

Transplanting e prove di reclutamento di Pinna nobilis L., 1758

Sperimentazione di trapianto e reclutamento, ai fini della conservazione di una specie marina minacciata

Edizioni Accademiche Italiane

Impressum / Stampa

Bibliografische Information der Deutschen Nationalbibliothek: Die Deutsche Nationalbibliothek verzeichnet diese Publikation in der Deutschen Nationalbibliografie; detaillierte bibliografische Daten sind im Internet über http://dnb.d-nb.de abrufbar.
Alle in diesem Buch genannten Marken und Produktnamen unterliegen warenzeichen-, marken- oder patentrechtlichem Schutz bzw. sind Warenzeichen oder eingetragene Warenzeichen der jeweiligen Inhaber. Die Wiedergabe von Marken, Produktnamen, Gebrauchsnamen, Handelsnamen, Warenbezeichnungen u.s.w. in diesem Werk berechtigt auch ohne besondere Kennzeichnung nicht zu der Annahme, dass solche Namen im Sinne der Warenzeichen- und Markenschutzgesetzgebung als frei zu betrachten wären und daher von jedermann benutzt werden dürften.

Informazione bibliografica pubblicata da Deutsche Nationalbibliothek (Biblioteca Nazionale Tedesca): la Deutsche Nationalbibliothek novera questa pubblicazione su Deutsche Nationalbibliografie. Dati bibliografici più dettagliati sono disponibili in internet al sito web http://dnb.d-nb.de.
Tutti i nomi di marchi e di prodotti riportati in questo libro sono protetti dalla normativa sul diritto d'Autore e dalla normativa a tutela dei marchi. Questi appartengono esclusivamente ai legittimi proprietari. L'uso di nomi di marchi, di nomi di prodotti, di nomi famosi, di nomi commerciali, di descrizioni dei prodotti, ecc. anche se trovati senza un particolare contrassegno in queste pubblicazioni, sono considerati violazione del diritto d'autore e pertanto non possono essere utilizzati da chiunque.

Coverbild / Immagine di copertina: www.ingimage.com

Verlag / Editore:
Edizioni Accademiche Italiane
ist ein Imprint der / è un marchio di
OmniScriptum GmbH & Co. KG
Heinrich-Böcking-Str. 6-8, 66121 Saarbrücken, Deutschland / Germania
Email / Posta Elettronica: info@edizioni-ai.com

Herstellung: siehe letzte Seite /
Pubblicato: vedi ultima pagina
ISBN: 978-3-639-77618-8

"Pelago, magistro vitae.."

INDICE

1.0 INTRODUZIONE

Pinna nobilis L., 1758, è una specie di mollusco che negli ultimi decenni è stata profondamente minacciata, principalmente a causa del degrado del suo ambiente naturale.

Poiché le attuali popolazioni di *P. nobilis* sono in evidente declino (Centoducati et al. 2007), la stessa è soggetta a rigorosa tutela, in quanto specie in via di estinzione, sotto la Direttiva europea 92/43/CEE del Consiglio (CEE 1992). Questa specie è anche inclusa nell'Allegato IV della Direttiva del Consiglio 92/43/CEE relativa alla conservazione degli habitat naturali e della flora e fauna selvatiche (Direttiva Habitat CE).

Nell'articolo 11 della Direttiva si afferma che "gli Stati membri garantiscono la sorveglianza dello stato di conservazione degli habitat naturali e delle specie, con particolare riguardo delle specie prioritarie ". Inoltre, nell'articolo 17.1, si afferma che "Ogni sei anni a decorrere dalla data di scadenza del termine fissato all'articolo 23, gli Stati membri elaborano una relazione sull'attuazione delle misure adottate a norma della presente direttiva".

Tale relazione comprende, in particolare, informazioni relative alle misure di conservazione, nonché la valutazione delle incidenze di tali misure sullo stato di conservazione dei tipi di habitat naturali, delle specie e i principali risultati della sorveglianza.

É ormai assodato che *P. nobilis* ha risentito fortemente dell'impatto antropico, non solo in conseguenza del prelievo diretto, ma principalmente della mortalità da stress meccanico, determinato dall'attività di pescherecci, reti di fondo o manovre di ancoraggio dei natanti, che hanno sostanzialmente inciso sulla distribuzione delle popolazioni di pinna nei tratti più esposti, e sulla crescita individuale degli organismi (Peharda e Vilibić, 2008).

Pinna nobilis è una specie endemica del Mediterraneo, dettagliatamente studiata da molti autori alla luce delle sue peculiari caratteristiche biologiche ed ecologiche. Vive parzialmente sepolta nel sedimento, tipicamente su fondi mobili, preferenzialmente associata alle praterie di fanerogame marine (*Posidonia oceanica*, *Cymodocea nodosa* e *Zostera marina*) ma anche in zone sabbiose prive di vegetazione.

La presenza di *P. nobilis* è stata riscontrata nel range batimetrico compreso fra 0,5 e 60 m.

Specie prevalentemente marina, può anche colonizzare le porzioni più prossimali di lagune e stagni costieri, in cui può costituire popolazioni ad alta densità (Katsanevakis, 2005).

Proprio gli ambienti salmastri costituiscono un "mondo" singolarmente variegato e attraente, per la complessità delle problematiche bio-ecologiche emergenti e per la varietà di condizioni edafiche e climatiche (Katsanevakis, 2009).

Gli stagni costieri, in particolare, rappresentano un tipico ambiente naturale confinato, che fenomeni avversi come l'eutrofizzazione possono rendere vulnerabili, fino a innescare condizioni di stress che si ripercuotono a svarianti livelli (Katsanevakis, 2007).

Sulla base di tali considerazioni, lo studio presentato in questo lavoro si è incentrato sul monitoraggio della popolazione di *Pinna nobilis* presente all'interno di un lago costiero sottoposto a tutela.

L'intento era quello di effettuare un transplanting sperimentale di esemplari di *Pinna nobilis* per valutare l'efficacia del metodo a fini conservativi; valutare i tassi di crescita, mortalità e natalità; effettuare prove di reclutamento; anche al fine di evidenziare i rapporti di relazione fra mantenimento dello stock e pressione antropica.

A questo obiettivo si lega quello di indagare l'ecologia della specie, al fine di stabilire i parametri di popolazione in condizioni ottimali durante l'intero ciclo di vita, operare un confronto con le popolazioni danneggiate e utilizzare il trapianto e l'eventuale reclutamento per salvaguardare le popolazioni naturali di questa specie.

2.0 GENERALITA' SU *Pinna nobilis*

Pinna nobilis, secondo la classificazione di Linder (1976) appartiene al Phylum Mollusca, classe Bivalvia, sottoclasse Pteriomorphan, Ordine Mytiloida, Famiglia Pinnidae.

É presente nel Mediterraneo dalla fine del Miocene (Gómez-Alba, 1988). Nel Mediterraneo, la famiglia è rappresentata da tre specie: *Pinna nobilis* (L., 1758), *Pinna rudis* (L., 1758) e *Atrinia fragilis* (Pennant, 1777).

Figura 1: *Pinna nobilis*

P. nobilis è conosciuta come uno tra i più grandi molluschi conchiferi nel mondo, seconda sola all'indopacifica *Tridacna maxima*, essendo di conseguenza il più grande del Mediterraneo.

Al contempo questa specie è molto longeva; esemplari in condizioni ottimali vivono agevolmente oltre i 20 anni (Butler et al., 1993) e nel Golfo di Termaikos, in Grecia, è stata attestata la presenza di un esemplare di 27 anni (Galinuo-Mitsoudi et al., 2006). La grande taglia, comune fra i membri della Famiglia Pinnidae, è principalmente dovuta alla capacità del mantello di discostarsi dal muscolo adduttore posteriore durante lo sviluppo somatico (Yonge,1953), il che comporta il raggiungimento di dimensioni talvolta superiori ai 120 cm.

La conchiglia è di forma affusolata e triangolare e mostra la caratteristica proprietà di poter aumentare di dimensioni senza variare la morfologia (crescita isometrica), fino alla fase di senescenza (esemplari gerontici), in cui sopravviene un tipo di accrescimento allometrico. Le due valve, ruvide al tatto, presentano una componente organica e una inorganica.

In particolare, ogni valva è composta da tre strati sovrapposti, di cui il più esterno, periostraco, di natura esclusivamente organica, in quanto composto dalla sclero-proteina conchiolina; il ruolo principale del periostraco è quello di agire come supporto e substrato per la nucleazione e la crescita dei cristalli calcarei della conchiglia (Bourgoin, 1990).

Lo strato intermedio, denominato ostraco, è costituito da carbonato di calcio, come anche l'ipostraco, parte interna che a differenza dello strato intermedio si presenta sotto forma di aragonite (carbonato di calcio) e legato a proteine (albumine). L'ipostraco è organizzato in una tipica struttura lamellare che determina l'iridiscenza tipica di questo strato, il myostracum. Particolarmente evidente nel genere *Pinna*, questo strato madreperlaceo è duro e aumenta in larghezza in direzione anteriore. L'estensione di quest'ultimo ha valore sistematico.

In *Streptopinna* la madreperla è fortemente ridotta, in *Pinna* c'è un solco di calcite (un cuneo di calcite che separa la madreperla) e in *Atrina*, genere più primitivo, lo strato interno del guscio è più sviluppato e non c'è solco, mentre lo strato madreperlaceo è continuo, a differenza che in *Pinna* (Figura 2).

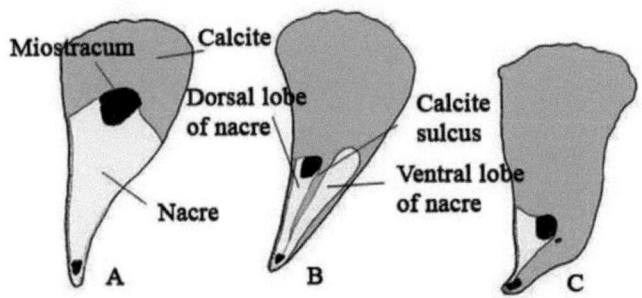

Figura 2: Estensione dei diversi tipi di carbonato di calcio nel guscio di A, *Atrina*, B, *Pinna*, C, *Streptopinna*, Taylor et al. (1969).

6

Alcuni autori hanno suggerito che il solco di *Pinna*, dove la madreperla non si deposita, aiuta la flessione delle valve durante il processo di chiusura (Carter, 1990).

Le due valve, seppure indipendenti, negli individui vivi sono congiunte dorsalmente da un legamento elastico che tende ad allontanarle, e quindi ad aprire la conchiglia (Garcia-March, 2005). Tutti gli individui mostrano uno stretto foro nella parte antero-ventrale delle valve per l'uscita di filamenti di bisso.

Generalmente, sulla superficie delle valve si possono riscontrare colonizzazioni da parte di un gran numero di organismi epibionti, numerose alghe, molluschi, briozoi, policheti e altri commensali.

Associati con *Pinna nobilis*, nella camera del mantello, in prossimità delle branchie vivono diverse specie di commensali, quali decapodi dei generi *Pontonia* (*P. pinnophylax*) e *Pinnotheres* (*P. pinnotheres* e *P. pisum*). *P. pinnophylax* si trova di solito in coppia, maschio e femmina (Richardson et al., 1997).

Il mollusco contenuto all'interno della conchiglia mostra una serie di caratteristiche che rende l'animale diverso da altri bivalvi permettendogli un adattamento alla vita semi-infaunale. Il mollusco è costituito esternamente da una tunica muscolare a contatto con le valve (mantello), al cui interno sono racchiuse tutte le strutture e gli organi interni, ma esso non è adeso alla conchiglia come solitamente si riscontra in altri bivalvi come i Mytilidae, ed è pertanto retrattile.

Nelle valve di *P. nobilis*, quando l'animale è morto sono evidenti delle impronte tipiche di forma circolare sulla faccia interna della valva, queste sono causate dalla fissazione secondaria del pallio, dovuta ai muscoli retrattori posteriore e anteriore (Czihak e Dierl, 1961); questa retrattilità del mantello conferisce a questa specie la capacità di rigenerare tutta la porzione posteriore della conchiglia.

Il mantello conferisce un'enorme capacità di retrazione, quest'ultimo è di fondamentale importanza per la sorprendente capacità di ricostruire quasi tutte le estensioni posteriori della conchiglia dopo un eventuale rottura. Tuttavia, durante il periodo di ricostruzione gli individui sono più vulnerabili verso eventuali predatori e necrofagi opportunisti. Se questi ultimi sono abbondanti, anche rotture moderate possono essere fatali per la sopravvivenza del individuo.

La ricostruzione della conchiglia ha anche conseguenze negative sulla possibilità di stimare l'età in rapporto alla dimensione in quanto la conchiglia ricostruita può risultare più piccola di quella precedente (Garcia-March, 2006).

Il piede è una struttura muscolare che, consente a *Pinna nobilis* di scavare sul fondo molle per favorire l'infossamento; un tessuto ghiandolare importante per la vita di *P. nobilis* è la ghiandola del bisso, situata nel piede, e di cui costituisce circa il 50% dell'intera lunghezza, questa struttura è deputata alla produzione del bisso, ciuffo di filamenti collageni, che fuoriescono da una piccola apertura delle valve e permettono all'animale di ancorarsi su qualsiasi struttura solida presente nel substrato.

Un individuo adulto di solito ha più di 20.000 filamenti attaccati al substrato. Questi filamenti, di circa 25 centimetri lunghezza, sono incollati, tramite le piastre di adesione, non solo a minuscole particelle, radici e rizomi di *Posidonia* ma sono anche legati tra loro, migliorando così il fissaggio al substrato, (García-March, 2006). Tutti questi fattori combinati conferiscono a *Pinna nobilis* una grande forza di resistenza, il cui massimo è stimato in circa 45 newton (García-March et al., 2007a).

La riproduzione di *P. nobilis* si concentra nei mesi di Marzo e Settembre, in cui si ha il minor dispendio energetico (Garcia-March, 2005); in questo periodo la gonade segue un processo di ermafroditismo con maturazione asincrona e conseguente differenziazione dei gameti maschili e femminili (De Gaulejac, 1995).

La fecondazione è esterna, e dopo un breve periodo di circa 5-10 giorni, la larva, che ha dimensioni di circa 1 millimetro, si fissa al fondo (De Gaulejac, 1990). Una volta fissata sul fondo tutta la vita di *P. nobilis* sarà limitata spazialmente. Per il successo riproduttivo, la vicinanza tra gli esemplari, l'influenza delle correnti e la sincronizzazione nel rilascio delle cellule germinative, sono i fattori più dipendenti.

Le giovani pinne appena insediate sono molluschi particolarmente vulnerabili e soggetti a predazione da parte di cefalopodi, echinodermi e pesci. Dopo un anno circa di vita l'individuo può raggiungere i 15 cm di lunghezza, che raddoppia già al secondo anno di vita; è in questo periodo che l'organismo raggiunge la prima maturità sessuale (De Gaulejac, 1993). Oltre i 4-5 anni dall'insediamento post-larvale, la conchiglia continuerà a crescere per il resto della sua vita a un ritmo rallentato, affusolandosi sempre di più.

P. nobilis è una specie sospensivora adattata al mezzo oligotrofico, solitamente associato ad acque poco torbide (Butler, 1993). Secondo Templado et al. (2004), individui di *Pinna nobilis* possono essere rinvenuti fino a circa 60 metri di profondità.

Sebbene i dati pubblicati sulla densità di popolazione di *Pinna nobilis* sono scarsi, alcune tendenze possono essere ottenute dalla bibliografia. In generale, la densità di individui è bassa rispetto ad altri molluschi bivalvi marini, viventi in substrati molli.

Butler et al. (1993) hanno indicato che *Pinna nobilis* è distribuita in metapopolazioni formate da grandi estensioni a bassa densità, che contano in media un solo individuo su 100 m^2 di fondale, ma interrotte localmente da popolazioni ad alta densità (fino a 16 individui/100 m^2). Si può considerare che in generale la distribuzione di *P. nobilis* si presenta a patches, con densità variabile da 0.01 individui/100 m^2 a 15-17 individui/100 m^2. Zavodnik et al. (1991) hanno indicato una densità media di 9 individui/100m^2 per le coste adriatiche. Densità che variano da 2 a 20 individui/100 m^2 nel Parco Nazionale di Mljet (Croazia), (Siletic e Peharda, 2003).

In acque spagnole, le densità medie osservate sono meno di 1-12 individui/100 m^2 a Moraira (Alicante). Densità di 10 individui/m^2 sono state osservate anche a Murcia, Almeria e Isole Baleari (García-March 2003), mentre nelle isole Chafarinas, Guallart (2000) ha riportato una densità media di 3,2 individui/100 m^2. Katsanevakis (2005), riporta una densità di 1.13 individui/100m^2 nel lago Vouliagmeni (Grecia), tra 2 e 30 m di profondità, mentre in alcune lagune e baie riparate della Corsica e della Grecia, fino a 6 individui/m^2 sono stati ritrovati da De Gaulejac e Vicente, 1990; e da Catsiki e Catsiliery, 1992.

Tuttavia, queste popolazioni sono eccezionali e limitate in aree localizzate, dove probabilmente la combinazione di molti fattori favorevoli favorisce la sopravvivenza degli individui. I motivi esatti per questi eccezionali aggregazioni sono ancora sconosciute.

Inoltre, la stima è scala dipendente, in quanto la densità può rivelarsi differente se riferita a un'area più o meno estesa. Generalmente gli individui di piccola taglia sono allocati in acque poco profonde, mentre quelli più grandi si riscontrano a batimetrie maggiori in quanto la forza di trascinamento (Fd) esercitata dalle onde sulla conchiglia è minore rispetto a quella esercitata sugli esemplari in acque poco profonde, dove, causa spesso l'eradicazione degli esemplari e la morte (Garcia-March et al., 2007b).

Secondo Vincente et al., (1980) i giovani esemplari di pinna, durante l'accrescimento, sono in grado di spostarsi da acque basse ad acque più profonde, deduzioni accreditate da una campagna svoltasi nell'arco di undici anni dove vennero censite pinne che avevano cambiato posizione di circa 1-2 metri di distanza da quella originaria in cui erano state censite. Nonostante questo *P. nobilis* conduce comunque una vita prettamente sessile, che non consente spostamenti in condizioni di stress.

Tutti questi aspetti sono importanti per la progettazione dell'indagine e per il trattamento matematico dei dati.

9

3.0 SITO D'INDAGINE: LAGO DI FARO

Il Lago di Faro, sito d'indagine per il presente lavoro, è situato lungo la coste settentrionali della città di Messina, e fa parte del complesso di stagni salmastri di Capo Peloro. Si è originato dalla chiusura di un tratto di mare ad opera di cordoni litorali, e possiede peculiarità floristiche e faunistiche che lo rendono un ecosistema speciale (Licata, 2004) . Nonostante la sua estensione di soli 263.600 m^2, è il bacino costiero più profondo in Italia, infatti nella parte orientale raggiunge i 29 m, mentre nella parte occidentale il fondo non supera i 3,5 metri di profondità.

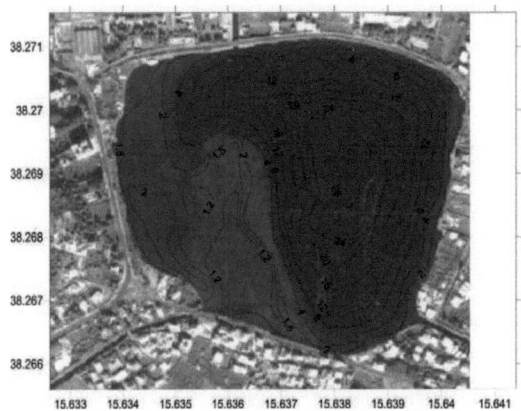

Figura 3: Lago di Faro e relativo andamento batimetrico.

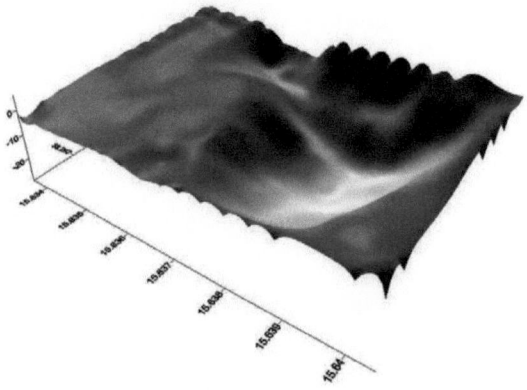

Figura 4: Ricostruzionebatimetrica tridimensionale del Lago di Faro.

Il Lago di Faro è comunicante con il Mar Tirreno attraverso un canale detto "Canale degli Inglesi", e con il Mar Ionio tramite il canale artificiale "Canale di Faro".

Insieme al Lago di Ganzirri, il Lago di Faro è oggetto di tutela ambientale, in quanto compreso nella Riserva Naturale Orientata ("Laguna di Capo Peloro"), ed è inserito tra le aree umide mondiali protette dalla Convenzione Internazionale di Ramsar.

Gli stagni costieri salmastri che si trovano lungo le coste del Mar Mediterraneo, generalmente sono caratterizzati da basso idrodinamismo, che quindi non rappresenta una significativa forzante sulla zonazione bentonica; la salinità è influenzata dal tasso di evaporazione, che può differenziarsi stagionalmente, o dall'apporto di acque dolci; la temperatura è un fattore estremamente variabile; l'estensione dei laghi generalmente è ampia rispetto alla profondità e agevola il riscaldamento repentino della colonna d'acqua contrastando la formazione di termoclini.

Il Lago di Faro è un caso particolare, in quanto pur essendo un bacino costiero, presenta caratteristiche che privilegiano la profondità rispetto all'estensione; questo comporta che le acque profonde non entrano mai in circolazione, instaurando un caratteristico doppio regime, ossico in superficie con una biomassa eterotrofa predominante nel particellato (Leonardi et al., 2009), e anossico sul fondo dove è presente idrogeno solforato e una comunità di solfo batteri con intensa attività chemio-autotrofa (Saccà et al., 2008).

Il Lago Di Faro, è stato oggetto anche in passato di particolari e sistematiche ricerche sia idrologiche, sia microbiologiche (Genovese et al., 1958; Genovese, 1961a; Genovese, 1963b; Genovese, 1964; Genovese et al., 1963), in relazione a tale struttura geomorfologica si ha nel Lago di Faro, in condizioni normali, un regime meromittico, con acque a ph positivo in superficie e marcatamente negativo a fondo.

Gli strati più bassi delle acque e il fango sono caratterizzati altresì dalla presenza di quantità variabili di idrogeno solforato. Il Lago di Faro ha una salinità media di circa 35 ‰, con valori massimi dello stesso ordine di quelli che si riscontrano a mare (Abbruzzese e Genovese, 1952).

Nel Lago di Faro la distribuzione dei sali nutritivi è in relazione con la presenza di idrogeno solforato negli strati inferiori delle acque. I fosfati di solito aumentano con l'aumentare della profondità, nello strato ossigenato delle acque possono a volte mancare, ma sono abbondantissimi nelle acque contenenti idrogeno solforato, raggiungendo al fondo valori superiori ai 350 mg/m^3.

Nel Lago di Faro i nitriti e i nitrati sono invece presenti nella fascia ossigenata delle acque. L'ammoniaca aumenta progressivamente con l'aumentare della profondità nello strato contenente idrogeno solforato, e diventa abbondantissima nelle acque in prossimità del fondo.

Particolare interesse presenta il brusco aumento in sali nutritivi che si verifica a volte a profondità intermedie, comprese fra i 10 m e i 15 m, rispetto alle quote immediatamente adiacenti. Da rilevare che lo strato di separazione fra la zona superiore contenente ossigeno e quella inferiore contenente idrogeno solforato (acqua rossa) è localizzato alla quota di 12-13 m.

L'esistenza di zone ad elevata produttività a livello del chemoclinio è caratteristica dei laghi meromittici (Tonolli, 1964) ed in particolare nel Lago di Faro. La presenza dell'acqua rossa batterica potrebbe essere considerata pertanto come un indice dell'accentuato trofismo di questi strati.

Per le caratteristiche geomorfologiche, che determinano soprattutto un continuo apporto di materiale terrigeno ed un notevole accumulo di sostanza organica sul fondo, il Lago di Faro presenta di solito un maggiore contenuto in sali nutritivi rispetto al mare (Vatova, 1962; D'Anconae Battaglia, 1962), inoltre è sede di un'intensa attività microbica mineralizzante.

Il Lago presenta preziosissimi biotòpi per la straordinaria varietà di microrganismi e di specie animali e vegetali, alcune delle quali strettamente endemiche; *Pinna nobilis* è un esempio di specie oggetto di specifica tutela, presente all'interno del lago.

4.0 MATERIALI E METODI

4.1 Rilevamenti sul campo

Le operazioni di campo effettuate ai fini del presente lavoro sono conseguenti a una serie di indagini già effettuate nel periodo compreso tra ottobre 2010 e ottobre 2012, ai fini del censimento e monitoraggio della specie nel Lago di Faro.

Parte dei risultati dell'indagine sono stati oggetto della mia tesi di laurea triennale.

Nel corso di tale monitoraggio è stato possibile valutare le condizioni di esemplari di *P. nobilis*, determinando fattori di crescita, di regressione, di mortalità e di natalità operando sulla media scala temporale.

La scelta di utilizzare un metodo diretto (esplorazioni subacquee) è funzione della topografia del fondale, dell'area di studio e della specie oggetto di studio; l'applicazione dei metodi diretti è necessaria per la maggior parte delle indagini scientifiche basate sullo studio della struttura e della dinamica di una popolazione di *Pinna nobilis*, l'economicità rappresenta un altro vantaggio del metodo, che dalla letteratura risulta quello più utilizzato.

Con le informazioni ottenute dai metodi esplorativi, è più facile prendere decisioni e progettare indagini più complesse, per valutare con precisione i parametri della popolazione di *Pinna nobilis*.

Nel corso dei due anni impiegati per la realizzazione dello studio, sono state effettuate operazioni di censimento con cadenza settimanale, durante le quali sono stati marcati tutti gli esemplari vivi, come pure gli organismi morti in "posizione di vita", e anche gli organismi precedentemente registrati come vivi e ritrovati successivamente morti.

Per la marcatura sono state utilizzate etichette di plastica, avvalendosi di un codice di identificazione basato su diversi colori e sul numero di fori punzonati sulla superficie. In accordo con Siletic e Peharda (2003) le etichette sono state fissate ad un filo di plastica e disposte liberamente intorno alla base degli esemplari (Figura 5).

La posizione geografica di ogni campione è stata determinata per mezzo di un GPS portatile integrato con un sistema informativo geografico GIS. Le misure relative ai singoli esemplari sono state registrate per mezzo di un calibro da campo (apertura max. 50 cm), descrivendo l'altezza dal sedimento (Hs), larghezza totale (L), larghezza al sedimento (l) e altezza alla cerniera delle valve (hc) (Figura 6).

I dati sono stati raccolti da subacquei e trascritti su apposite lavagnette per essere successivamente utilizzati per la compilazione delle schede, in barca o in laboratorio.

Figura 5: Esemplare di *P. nobilis* etichettato durante il censimento.

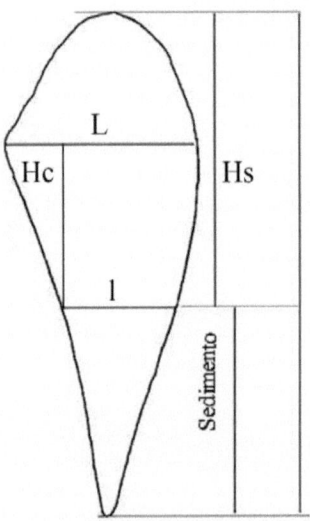

Figura 6: Parametri morfologici relativi a *Pinna nobilis*.

Un monitoraggio adeguato, che preveda il lungo termine, attraverso il censimento di molti individui, e l'individuazione delle condizioni ottimali e sfavorevoli allo sviluppo di questi esemplari, dovrebbe sempre precedere qualunque esperienza di transplanting in popolazioni minacciate. Gli esemplari, prelevati in zone in cui le condizioni sono state considerate sfavorevoli alla crescita e allo sviluppo, sono trapiantati in zone con condizioni ritenute favorevoli sulla base del monitoraggio di esemplari già presenti nella zona rifugio. Questo tipo di operazione permette la riduzione del tasso di mortalità di una specie, oggetto di specifica tutela. Successivamente al censimento di *Pinna nobilis* è stato allestito un campo sperimentale, su un'area di 100 m^2, in una zona precedentemente identificata, con una batimetria di circa 2 m, in cui ospitare gli esemplari di *Pinna nobilis* da trapiantare; il quadrato è stato delimitato per mezzo di picchetti di legno fissati sul fondo e passanti attraverso pesi morti costituiti da vasi di terracotta appesantiti con cemento a presa rapida e argilla espansa. Una cima è stata fatta passare attorno ai picchetti per rendere più visibile la zona destinata al trapianto. Le coordinate dei vertici sono state registrate per mezzo di GPS. Il campo è stato suddiviso in 4 parti di uguale dimensione, di 25 m^2 ciascuna, per mezzo di un reticolo composto da 25 quadrati di 1 m^2 ciascuno, ribaltato quattro volte intorno a un punto centrale precedentemente fissato.

A					B				
1	2	3	4	5	1	2	3	4	5
6	7	8	9	10	6	7	8	9	10
11	12	13	14	15	11	12	13	14	15
16	17	18	19	20	16	17	18	19	20
21	22	23	24	25	21	22	23	24	25
1	2	3	4	5	1	2	3	4	5
6	7	8	9	10	6	7	8	9	10
11	12	13	14	15	11	12	13	14	15
16	17	18	19	20	16	17	18	19	20
21	22	23	24	25	21	22	23	24	25
D					C				

Figura 7: Proiezione del campo di transplanting e del reticolo diriferimento.

Da Maggio 2012 a tutto Giungo 2012 sono state effettuate immersioni con cadenza settimanale, al fine di individuare 50 individui di *P. nobilis* direttamente minacciati da impatto antropico e quindi a rischio.

Tali esemplari sono stati identificati soprattutto nella zona del canale di Faro dove la profondità troppo bassa, intorno a 0,5-0,9 m determinava un rilevante fattore di rischio per impatto con imbarcazioni. Contestualmente alle operazioni di identificazione, sono state effettuate 4 immersioni per compiere le operazioni di transplanting, in cui circa 12 esemplari per uscita sono stati censiti, misurati *in situ* per mezzo di calibro e prelevati manualmente dal sedimento. Sugli esemplari prelevati, immediatamente trasferiti in cassetta termica, contenente acqua del lago contestualmente prelevata, è stata misurata, la lunghezza totale, mediante calibro. Gli esemplari sono stati portati nel campo sperimentale nell'arco di circa mezz'ora. Successivamente, nel mese di Giugno 2013, a distanza di un anno dal primo trapianto è stato effettuato un secondo trapianto di 20 giovanili prelevati dal "canale degli Inglesi". Il prelievo si è reso necessario in vista delle annuali operazioni di dragaggio che avrebbero avuto esiti distruttivi per gli esemplari ivi insediati. Tutti gli individui di pinna raccolti nella prima e seconda fase sono stati numerati per numero crescente da 1 a 70 e trapiantati manualmente uno alla volta nella zona di transplanting. Di questi, 25 individui sono stati collocati nel quadrato A con un ordine di dispersione casuale, lo stesso è stato fatto per gli altri 25 esemplari trapiantati nel quadrato C mentre gli ultimi 20 sono stati collocati nel quadrato B. La figura 8 mostra la distribuzione degli esemplari di *P. nobilis* all'interno del campo di trapianto.

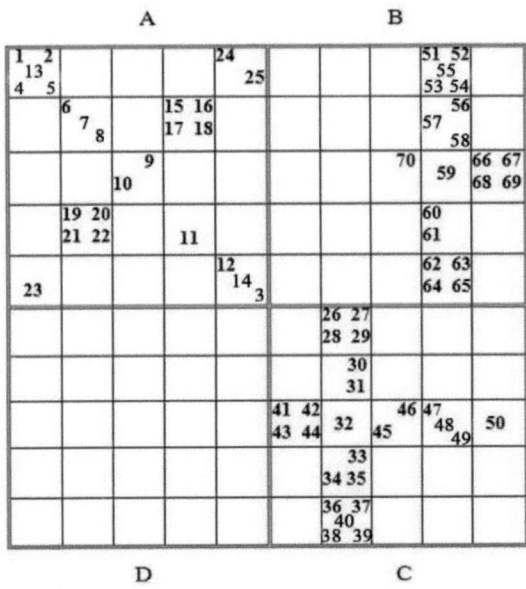

Figura 8: Distribuzione di *P. nobilis* all'interno del campo di transplanting.

Durante il periodo da Luglio 2012 a Marzo 2014 sono state effettuate immersioni con cadenza settimanale per monitorare le condizioni degli individui di *P. nobilis* e registrare eventuali danni, reclutamento e mortalità. La crescita degli individui è stata monitorata con cadenza trimestrale registrando per mezzo di un calibro da campo, l'altezza dal sedimento (Hs), larghezza totale (L), larghezza al sedimento (l) e altezza alla cerniera delle valve (hc).

Con l'obiettivo di valutare tassi di crescita allometrica, ovvero relativa all'ontogenesi e il tasso di crescita delle reclute, con età inferiore a un anno, è stato effettuato un tentativo di reclutamento mediante un dispositivo sperimentale di raccolta larvale. Le larve eventualmente catturate sarebbero state inoltre utilizzate per incrementare la popolazione locale di *Pinna nobilis* all'interno del lago.

Il dispositivo è stato messo in opera giorno 27 Marzo 2013, poco al di fuori del campo di trapianto. Il collettore è costituito da un telaio sul quale sono stati impiantati i dispositivi di reclutamento, costituiti da 12 sacchi di polietilene reticolato, con dimensioni di 0,70 x 0,40 m e 9 mm di diametro maglia, all'interno di questi sacchi è stata posta un'altra rete con maglia 5 mm in modo da aumentare la superficie per il possibile reclutamento.

Nella parte anteriore del collettore sono stati collocati 6 spezzoni di corda con alcuni nodi, per aumentare la superficie di assunzione delle larve (Richardson-Peharda et al., 2004). La struttura è stata collocata a una profondità di circa 2 m, e a circa 0,8 m dalla superficie dell'acqua in modo da non interferire con la navigazione.

Figura 9: Collettore per il reclutamento delle larve di *Pinna nobilis*.

Nel periodo successivo sono state effettuale immersioni con cadenza settimanale al fine di registrare l'eventuale reclutamento di larve di *Pinna nobilis*.

Durante il lavoro del presente lavoro sono state inoltre effettuate immersioni esplorative per indagare su un eventuale reclutamento della specie nelle zone adiacenti al campo di trapianto.

Esemplari di *Pinna nobilis* rinvenuti morti al di fuori del campo di trapianto, sono stati prelevati e trasportati in laboratorio per determinazioni morfometriche.

4.2 Determinazioni in laboratorio

Le conchiglie degli esemplari rinvenuti morti, una volta portati in laboratoriosono stati sciacquati e grossolanamente alleggeriti degli epibionti presenti sulle valve.

Le conchiglie sono state lasciate ad asciugare, per le successive misurazioni. Una volta asciutte, sulle conchiglie sono state eseguite le misurazioni dei parametri morfometrici secondo Vicente et al. (1980), che prevedono l'identificazione della porzione di conchiglia emergente dal sedimento (Hs), e delle massime dimensioni longitudinali (Ht) e trasversali (Lc). Successivamente, le due valve sono state aperte, previo ammorbidimento delle parti cornee con perossido di idrogeno in acqua (1:10), e recidendo il legamento dorsale che si estende per l'intera lunghezza della conchiglia, per mezzo di una lama inserita nella stretta fessura intervalvare. L'operazione successiva è stata la determinazione dell'età, in accordo con Richardson et al. (1999), mediante il rilievo delle impronte circolari depositate dal muscolo adduttore posteriore sulle valve, visibili a occhio nudo o mediante microscopio ottico.

Le analisi a livello della superficie interna delle valve hanno evidenziato la periodicità di anelli concentrici nettamente definiti, depositati sull'aragonite durante lo sviluppo.

Queste cicatrici posteriori del muscolo adduttore (PAM) rappresentano gli anni di vita, ma non tutti gli anni sono riconoscibili come PAMS sulla superficie interna della conchiglia (Garcia- March e Marquez-Aliaga 2007b, Garcia-March et al., 2011). A causa della difficoltà di evidenziare il primo di tali anelli, si è operato in accordo con Garcia-March (2005), che suggerisce di aggiungere una unità al conteggio delle impronte.

A volte anche il secondo anello può essere oscurato dalla deposizione di madreperla al di sopra dell'impronta muscolare, questo avviene soprattutto nelle conchiglie grandi e molto vecchie; entrambe queste variabili sono state tenute in conto durante le analisi.

5.0 RISULTATI

5.1 Distribuzione

L'indagine preliminare effettuata nelle zone di basso fondale del Lago di Faro ha confermato che *Pinna nobilis* è presente con una distribuzione per lo più random, tra 0.5 m e 3 m di profondità, con esemplari isolati o in piccoli gruppi.

Il substrato che li ospita si estende quasi unicamente nelle aree occidentali poco profonde del lago, che occupa quasi un terzo della superficie totale del bacino, e lungo tutto il "Canale di Faro". In queste zone, durante il periodo di indagine del presente lavoro, sono stati identificati in tutto 442 esemplari viventi, di cui 422 sono stati etichettati e 20 non etichettati perché allo stadio giovanile, e quindi utilizzati per il transplanting.

Sono stati identificati 128 individui morti, 98 dei quali, rinvenuti in posizione di vita, e quindi etichettati. Sulla base del rilevamento mediante GPS, la posizione di ciascun esemplare, sia vivo che morto, è stata riportata su immagine satellitare (https://maps.google.it/).

La distribuzione dell'intera popolazione è stata così ricostruita, con un margine d'errore di 50 cm del dato numerico (coordinate geografiche) e, per motivi di scala, di circa 5 m nella relativa rappresentazione cartografica (Figura 10). Gruppi di esemplari in cui distanza fra gli individui sia inferiore a 5 m sono quindi identificati da un solo simbolo.

Figura 10: Distribuzione di *P. nobilis* nel Lago di Faro. I simboli rossi indicano gli esemplari vivi, i simboli neri si riferiscono agli esemplari morti.

Dalle osservazioni effettuate sul campo è stato suggerito che esemplari di *P. nobilis* di varie dimensioni si possono riscontrare su diversi tipi di sedimenti, preferenzialmente associati a fanerogame marine.

Individui di piccola taglia (11-35 cm) sono stati trovati soprattutto in prossimità del canale di Faro e del canale degli Inglesi, all'interno di praterie di *Cymodocea nodosa*, o vicino a rifiuti di natura antropica; esemplari di dimensioni medie (40-45 cm) sono stati spesso rinvenuti nei pressi di palificazioni in legno e altre strutture artificiali, mentre gli individui più grandi (46-70 cm) sono stati quasi sempre rinvenuti su substrati sabbiosi e a volte più profondi.

È stato possibile evidenziare una distribuzione differenziale della dimensione degli individui di *P. nobilis* in relazione alla profondità e di conseguenza alla loro posizione geografica all'interno del lago.

La figura 11 mostra le differenze nella distribuzione batimetrica di *P. nobilis* nel Lago di Faro.

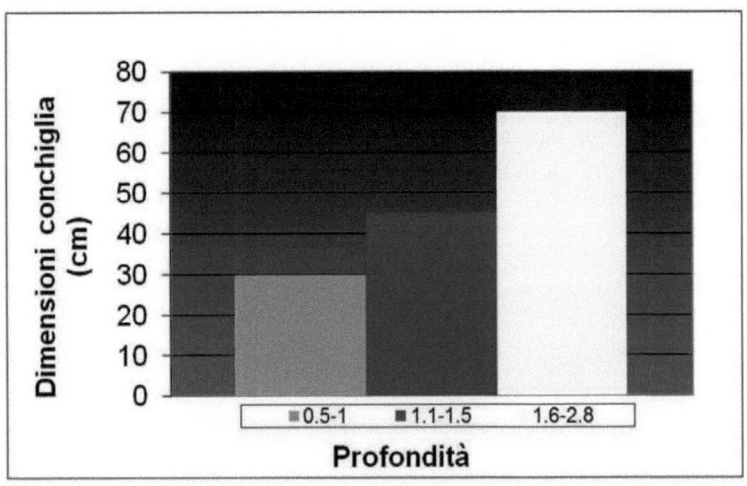

Figura 11: Media della lunghezza (Ht) delle conchiglie di *P. nobilis*, sulla base della distribuzione batimetrica nel Lago di Faro.

In accordo con studi di Butler (1981), non è stata riscontrata alcuna relazione evidente tra la densità di popolazione di *P. nobilis* e le diverse variabili fisiche e biologiche nelle acque del Lago di Faro, fra cui la granulometria del sedimento.

Gli individui più anziani con dimensioni maggiori ai 45 cm sono stati individuati principalmente in zone del lago con una profondità maggiore di 1,5 m.

Individui di dimensioni comprese tra 11 e 30 cm sono stati individuati essenzialmente in zone del lago dove la profondità non supera il metro, questa è una caratteristica tipica del canale di Faro (Fig. 12), e del canale degli Inglesi (Fig. 13), dove sono stati censiti molti individui di *P. nobilis*, la gran parte dei quali giovanili, insieme ad alcuni individui adulti con dimensioni superiori ai 30 cm rinvenuti però deceduti a causa di danni meccanici ad una o entrambe le conchiglie, o anche, vivi ma con evidenti lesioni causate da impatti con imbarcazioni.

Figura 12: Distribuzione di *P. nobilis* nel canale del Lago di Faro. I simboli verdi indicano gli esemplari vivi, i rossi si riferiscono a esemplari vivi ma con evidenti lesioni meccaniche e i simboli neri indicano gli esemplari rinvenuti morti.

Gli individui di *P. nobilis* che si trovano all'interno del canale sono insediati in una zona in cui la profondità non supera 1.1 m, questo fattore associato al fatto che il canale di Faro è un punto di transito di molte imbarcazioni, aumenta considerevolmente la possibilità di traumi meccanici.

In totale, nel canale di Faro sono stati identificati 86 esemplari viventi, di cui 24 con evidenti lesioni alle conchiglie, insieme ai 32 esemplari morti a causa di danni meccanici da impatto.

Figura 13: Distribuzione di *P. nobilis* nel canale degli Inglesi.

All'interno del canale degli Inglesi sono stati individuati 25 esemplari viventi di *P. nobilis* con dimensioni comprese tra 10 e 30 cm, la classe più giovane di esemplari registrata all'interno del Lago di Faro, che si trovano collocati ad una profondità che non supera il metro.

5.2 Morfometria

L'analisi morfometrica condotta sui campioni oggetto del presente studio, ha messo in evidenza come la dimensione massima (Ht) negli esemplari di *Pinna nobilis* copre un range di taglie che va da un valore minimo di 11 cm a un massimo di 68 cm, con una media dimensionale pari a 35,5 cm (±1,5 cm).

La scelta degli individui su cui è stato condotto lo studio è stata del tutto casuale (random selection). Per quel che concerne la stima delle età, sulla base del numero di impronte muscolari, si sono avuti valori compresi fra 2 e 12 anni.

Nel grafico di figura 14 le classi d'età sono state messe in relazione alla dimensione totale (Ht).

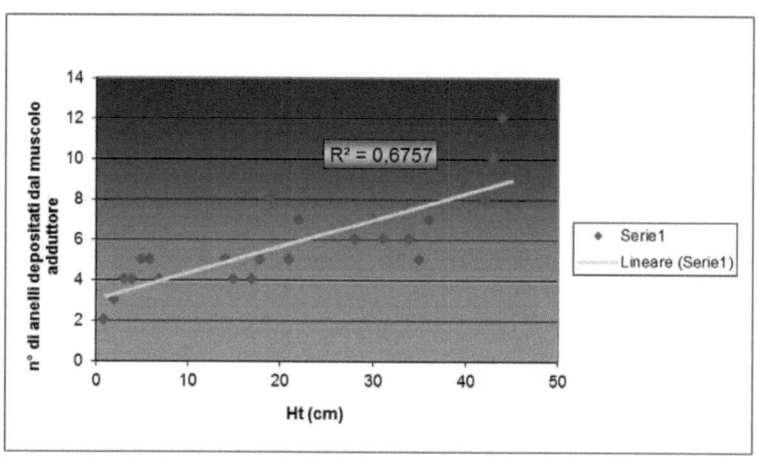

Figura 14: Grafico di distribuzione delle taglie in funzione dell'età.

Si può notare come la dispersione dei punti sul grafico e l'alto coefficiente di regressione lineare, evidenzino la buona correlazione esistente tra l'età degli individui e le loro dimensioni, ma al tempo stesso una maggiore dispersione dei dati in corrispondenza di alcune classi di età.

Dai campioni rinvenuti morti nel Lago di Faro durante il periodo di lavoro è stato possibile anche descrivere la distribuzione per classi di età degli esemplari morti di *P. nobilis* (Fig. 15).

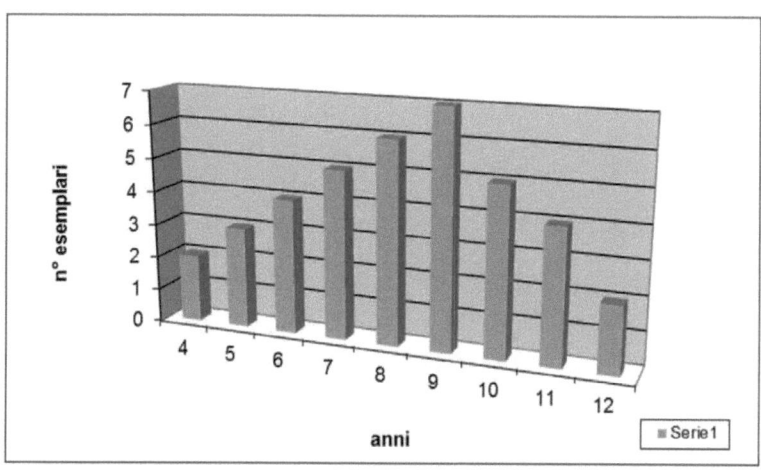

Figura 15: Grafico di distribuzione delle classi d'età degli esemplari di *P. nobilis* rinvenuti morti.

23

È evidente come il numero di esemplari aumenta con l'aumentare dell'età, finoa nove anni di vita, per poi declinare fino ad un massimo di 12 anni di età.

Il numero maggiore di esemplari rinvenuti corrisponde dunque a individui anziani, morti probabilmente per cause naturali o di senescenza.

Analogamente, nel grafico di figura 16 viene illustrata la ripartizione degli esemplari di pinna rinvenuti morti all' interno del Canale Faro, in funzione delle classi d'età in anni di vita.

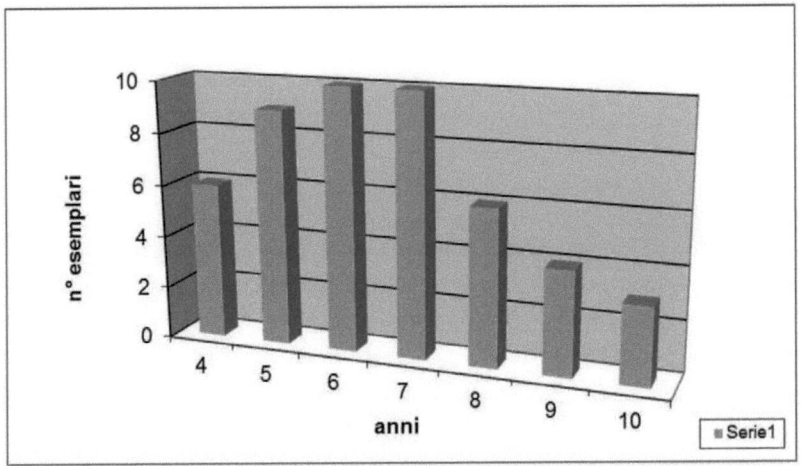

Figura 16: Grafico di distribuzione delle classi d'età di *P. nobilis* del canale di Faro.

È evidente come il numero di esemplari morti diminuisca con l'aumentare dell'età; il numero maggiore di esemplari si ha per individui giovani, con evidenti lesioni a cui può essere attribuita la morte dell'esemplare.

5.3 Dinamica di popolazione

Un'indagine preliminare ha consentito di stimare la percentuale media di crescita di 52 esemplari, precedentemente etichettati, nell'arco di un anno (figura 17). Per facilitare la lettura dei dati, i 52 campioni sono stati divisi in sei classi dimensionali spaziate di 4 cm, la prima delle quali include esemplari di taglia compresa fra 19 e 23 cm, e l'ultima taglia maggiori di 39 cm.

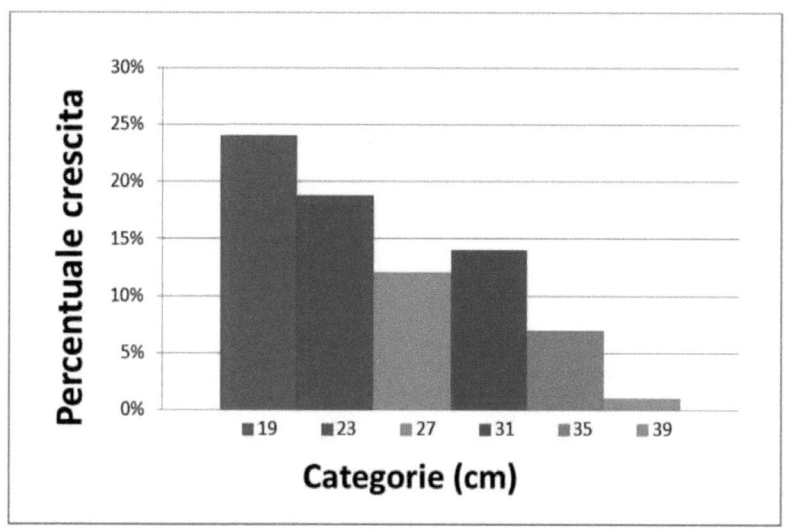

Figura 17: Crescita percentuale di *P. nobilis* in un anno, secondo sei classi dimensionali (valore minimo di ciascuna classe).

È possibile notare che in media, la crescita percentuale degli esemplari è maggiore per individui con dimensioni minori.

Un'eccezione sembra essere rappresentata dal valore ottenuto per la classe 31-35 cm, che potrebbe essere effetto del passaggio fra la morfologia giovanile (regolare) e quella adulta (rastremata in alto).

Non si può comunque escludere che il fenomeno sia legato a cause traumatologiche.

Contestualmente, è stata condotta un'analisi relativa al tasso di mortalità nel corso di un anno, sulla base di 23 esemplari di pinna rinvenuti morti, dopo circa un anno dal censimento preliminare.

La percentuale di mortalità di 222 esemplari di pinna censiti in un anno, equivale al 10,3%.

Come mostra il grafico in figura 18, gli individui morti di *P. nobilis* sono stati divisi in 4 classi dimensionali, ed è stato calcolato il tasso di mortalità nel corso di un anno, espresso in percentuale e in relazione al numero totale di individui censiti.

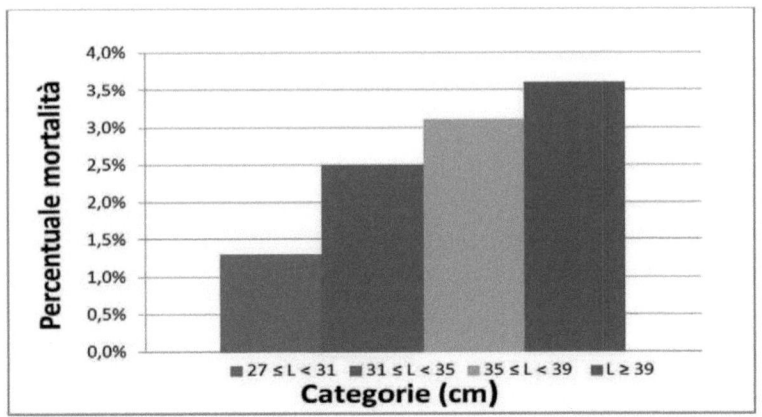

Figura 18: Tasso di mortalità di 4 diverse classi dimensionali di *P. nobilis* nel Lago di Faro, espresso in percentuale (valore minimo di ciascuna classe).

È evidente come il maggior tasso di mortalità sia stato riscontrato negli individui più grandi e quindi più anziani.

5.4 Transplanting

Dei 70 esemplari trapiantati, 12 individui presentavano al momento dell'espianto, evidenti lesioni ad una o ad entrambe le valve, 27 erano giovanili con dimensioni che non superavano i 23 cm, 4 erano individui anziani con dimensioni tra i 50 e i 65 cm, e i restanti 27 erano esemplari di dimensioni medio-piccole in condizioni di vita discrete (Figura 19).

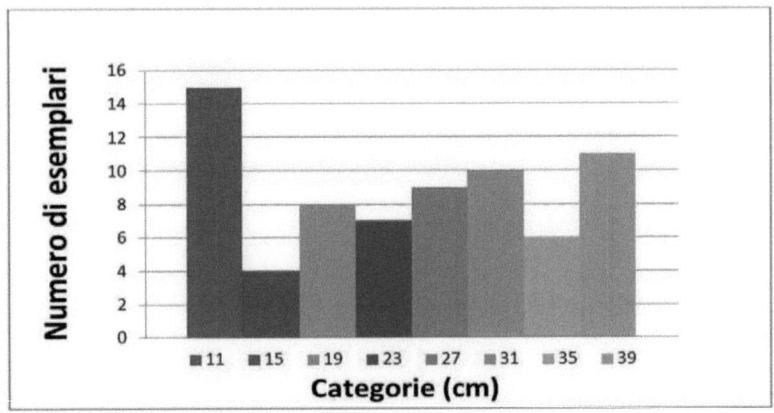

Figura 19: Grafico di frequenza di *P. nobilis* in relazione alle categorie dimensionali (valore minimo di ciascuna classe).

Le otto diverse classi di grandezza, messe in relazione al numero di esemplari trapiantati, evidenzia come un numero maggiore di esemplari abbia dimensioni che non superano i 15 cm di lunghezza totale.

I primi 50 esemplari di *P. nobilis* sono stati monitorati per circa 1 anno registrando la crescita ed eventuali decessi. Lo stesso è stato fatto per gli altri 20 esemplari, trapiantati a distanza di un anno dai primi 50.

Successivamente al primo trapianto, nei primi tre mesi sono morti 4 esemplari, mentre altri 5 esemplari sono morti nei mesi successivi.

Il tasso di mortalità di 25 individui di *P. nobilis* trapiantati nel quadrato A, nel corso dei primi sei mesi, espresso in percentuale, è rappresentato nel grafico di figura 20.

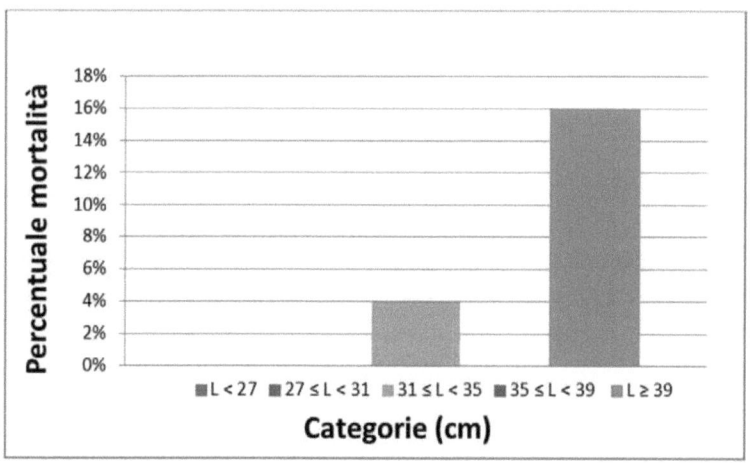

Figura 20: Tasso di mortalità di 5 diverse classi dimensionali di *P. nobilis* trapiantate nel quadrato A, espresso in percentuale (valore minimo di ciascuna classe).

Gli esemplari morti comprendono gli individui di maggior taglia e tutti gli esemplari che presentavano marcati danni conchigliari già al momento del prelievo.

Nel grafico di figura 21 è illustrato il tasso di mortalità nel corso dei sei mesi, di altri 25 individui di *P. nobilis* trapiantati nel quadrato C, espresso in percentuale.

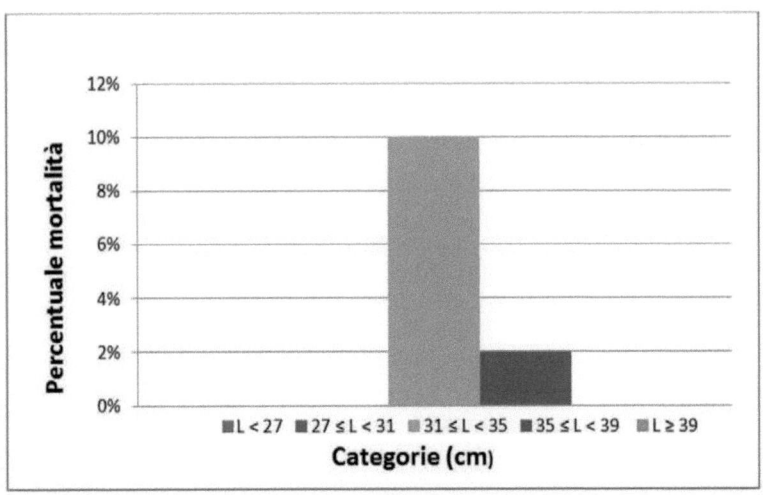

Figura 21: Tasso di mortalità di 5 diverse classi dimensionali di *P. nobilis* trapiantate nel quadrato C, espresso in percentuale (valore minimo di ciascuna classe).

Gli esemplari morti comprendono solo individui che presentavano marcate fratture al momento del prelievo. Anche per gli altri 20 esemplari di *P. nobilis* trapiantati successivamente nel quadrato B, è stato calcolato il tasso di mortalità nel corso dei primi sei mesi, espresso in percentuale, così come illustrato nel grafico di figura 22.

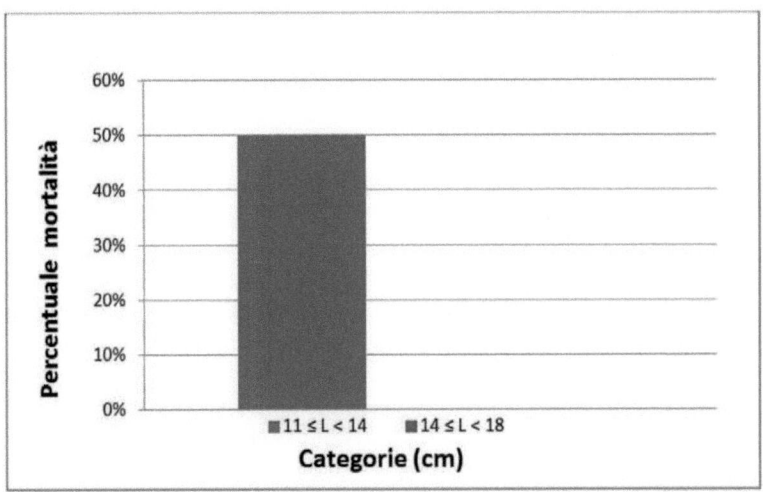

Figura 22: Tasso di mortalità di 5 diverse classi dimensionali di *P. nobilis* trapiantate nel quadrato B, espresso in percentuale (valore minimo di ciascuna classe).

I 10 esemplari con dimensione compresa tra 11 e 14,5 cm, scomparsi a distanza di 6 mesi dal trapianto, sono stati considerati morti.

Complessivamente la percentuale di mortalità annua dei 70 esemplari di pinna trapiantati, equivale al 27%.

Come mostra il grafico in figura 23, gli individui di *P. nobilis* morti sono stati divisi in 6 classi dimensionali ed è stato calcolato il tasso di mortalità nel corso di un anno, espresso in percentuale, in relazione al numero totale di individui trapiantati.

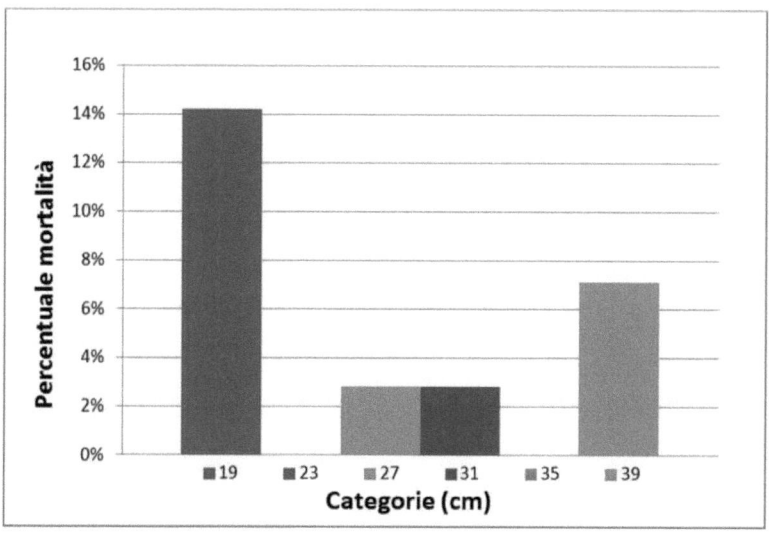

Figura 23: Tasso di mortalità di 6 diverse classi dimensionali di *P. nobilis* trapiantate, espresso in percentuale (valore minimo di ciascuna classe).

È evidente che il maggior tasso di mortalità è stato riscontrato negli individui più giovani e, subordinatamente, in quelli più anziani, con minimi valori di mortalità nelle classi intermedie.

Dei restanti 51 esemplari vivi di *P. nobilis* sono state calcolate le percentuali di crescita relative a 6 mesi post-trapianto.

Il grafico di figura 24 descrive la percentuale di crescita di *P. nobilis* in seguito al trapianto avvenuto 6 mesi prima, suddividendo gli individui in 6 classi dimensionali.

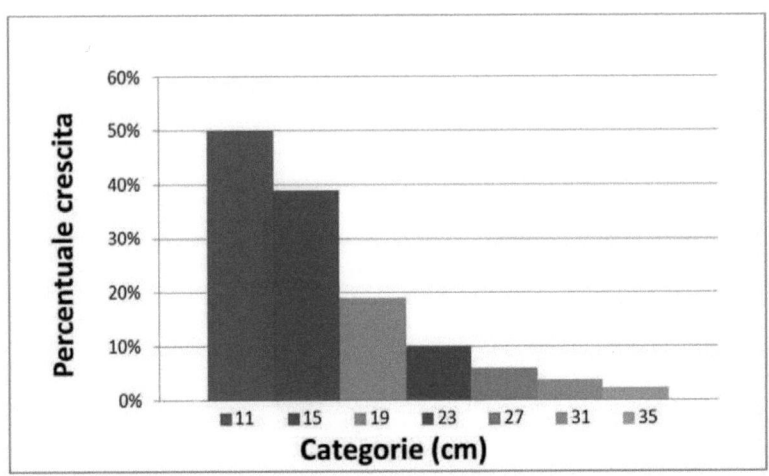

Figura 24: Tasso di crescita percentuale di *P. nobilis* dopo il trapianto (valore minimo di ciascuna classe).

Si può notare come gli esemplari di pinna più giovani, con dimensioni non superiori a 19 cm, hanno un tasso di crescita molto maggiore, rispetto agli esemplari più anziani. I dati riguardanti la crescita percentuale in un anno degli individui di *P. nobilis* presenti all'interno del campo di trapianto sono stati confrontati con quelli degli esemplari al di fuori del campo, utilizzando classi dimensionali uguali per entrambi i campioni, come illustrato nel grafico di figura 25.

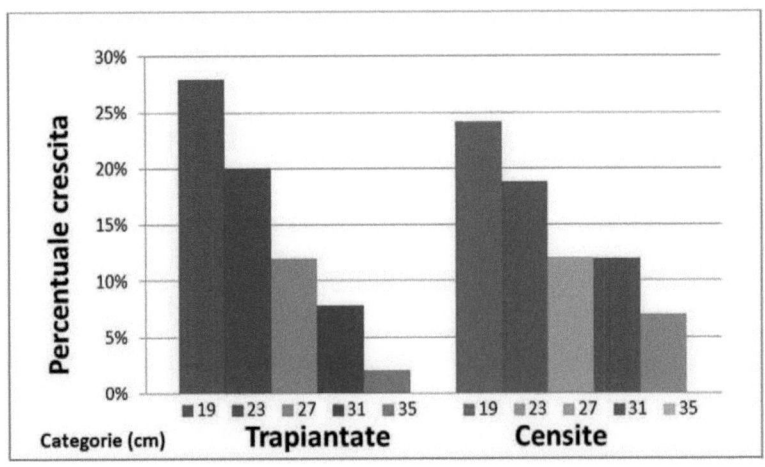

Figura 25: Tasso di crescita percentuale di *P. nobilis* trapiantate e censite (valore minimo di ciascuna classe).

30

È evidente che il tasso di crescita degli individui trapiantati, è maggiore rispetto a quello degli esemplari che si trovano all'esterno del campo, per gli esemplari con dimensioni inferiori a 27 cm, al contrario, all'esterno del campo, gli esemplari con dimensioni superiori ai 27 cm hanno avuto un accrescimento maggiore in un anno, rispetto a quelli trapiantati.

Dal monitoraggio effettuato nel corso dei due anni post-trapianto è stato osservato, nell'Aprile 2013 e Maggio 2014, che gli esemplari trapiantati hanno emesso gameti per circa 3-4 giorni.

Una particolare osservazione è stata fatta nel corso del monitoraggio, riguardo lo spostamento di due individui di *Pinna nobilis* che hanno cambiato la loro posizione di circa un metro da quella nella quale erano state trapiantate; entrambe si sono avvicinate ad altri due esemplari toccandosi quasi con le valve.

5.5 Reclutamento

A distanza di un anno dal posizionamento del collettore per il reclutamento delle larve non è stata osservata nessuna assunzione evidente di larve di *Pinna nobilis*. Infatti, i sacchi funzionanti da dispositivi da reclutamento sono stati colonizzati solo da epibionti bentonici di fondo duro, in particolare da ascidie, creando al tempo stesso un rifugio per Blennidae e Gobidae.

Per inciso, un solo esemplare di *Pinna nobilis*, di circa 3 cm, post- larvale è stato rinvenuto accidentalmente in una cima di corda in prossimità di una palificazione a ovest del campo di trapianto.

A distanza di un anno dal primo trapianto sono state osservate nuove reclute di *Pinna* con dimensioni comprese tra 10 e 14 cm all'interno del canale degli Inglesi, una zona dove raramente sono stati rinvenuti e censiti esemplari di *Pinna nobilis*, e che si trova a circa 100 metri dal campo di trapianto in direzione nord-est.

6.0 DISCUSSIONE

6.1 Distribuzione di *Pinna nobilis* nel Lago di Faro

Dall'indagine ad ampio raggio effettuata prima dell'esperienza di transplanting è emerso che le densità medie stimate nell'anno 2012 per l'intera estensione del lago (0.06 individui per 100 m^2) e per le aree che effettivamente fungono da letto al banco di pinne (1,69 individui per 100 m^2), sono rimaste sostanzialmente invariate nel tempo risultando ancora paragonabili ad altre valutate in aree protette (Siletic e Peharda, 2003), o associate a fondali ricoperti da praterie di fanerogame (Richardson et al., 1999).

Confrontando i dati con quelli forniti per l'area marina protetta delle Baleari (Hendriks, Basso, Deudero et al., 2012) la densità risulta invece maggiore.

Contrariamente a quanto avviene per la maggior parte delle popolazioni di *P. nobilis*, il range batimetrico è molto ristretto nel Lago di Faro, essendo gli esemplari confinati quasi esclusivamente nella zona più superficiale (0.5-3,5 m di profondità).

A differenza dell'indagine effettuata in anni precedenti, ed oggetto della mia tesi di laurea triennale, sono stati censiti esemplari di *Pinna nobilis* anche a circa 3,5 metri di profondità, un metro in più rispetto al censimento precedente.

Questi dati contrastano con il modello di distribuzione descritto da Katsanevakis (2007), per un altro lago marino profondo, avente un picco massimo di densità compreso tra 12 e 13 m di profondità e un picco secondario a 4 m di profondità.

All'interno del Lago di Faro, le condizioni persistenti di ipossia-anossia impediscono in modo assoluto che le pinne si diffondano al di sotto dei 15 m di profondità, mentre sono probabilmente confinate a quote ancora più superficiali a causa di disturbi episodici,come la diffusione di solfuro verso la superficie,che possono influenzare la stratificazione della colonna d'acqua e determinare mortalità di massa.

Nella zona di fondale meglio ossigenata in quanto meno profonda, l'insediamento e la sopravvivenza sono limitati dall'impatto antropico, come dimostrato dalle numerose cicatrici e lesioni rinvenute sulle conchiglie della maggior parte dei campioni, e dalla predazione da parte di pesci durofagi, dato dimostrato dalla scomparsa di individui molto giovani precedentemente censiti. L'impatto antropico potrebbe essere anche causa della segregazione spaziale e geografica degli individui, profondità-dimensione correlata,come riportato da Katsanevakis (2009).

Dalla distribuzione registrata nel canale di Faro e nel canale degli Inglesi è stato messo in evidenza che il numero di individui con dimensioni comprese tra 11 e 35 cm è maggiore in questa zona rispetto al resto del lago. La distribuzione dimensionale ha messo in evidenza la presenza di una frazione di individui con dimensioni comprese tra 30 cm e 52 cm, che rappresenta quasi il 50% della popolazione, diversamente a quanto osservato per alcune popolazioni studiate in Sardegna (Addis et al., 2009) e in Spagna (Hendriks, Basso, Deudero et al., 2012).

Il numero rimarchevole di individui morti, rinvenuti in posizione vitale, pari a quasi il 29% del totale dei campioni, è diminuito del 3% in circa due anni, periodo in cui è stato sperimentato il transplanting di individui ritenuti in pericolo di vita.

Le cause della morte sono di diversa natura, in particolare, si può stimare che l'84% degli esemplari morti sia deceduto a causa dell'età avanzata e quindi per cause di mortalità naturale, mentre una piccola percentuale di questi, circa il 20% è probabile che siano stati predati, in particolare da *Sparus aurata*.

Per il restante 16% è stato ipotizzato che siano morti a causa di stress meccanico, come testimoniato dalle evidenti lesioni rinvenute a una o entrambe le valve.

6.2 Morfometria

Dall'analisi morfometrica condotta precedentemente sui campioni di *P. nobilis* è stato possibile stimare l'età degli individui in relazione alla loro taglia. In accordo con Richardson (1999), le dimensioni delle conchiglie hanno in media una buona correlazione con l'età degli esemplari. Tuttavia alcuni individui con dimensioni comprese tra 60 e 70 cm non hanno evidenziato un'ottima relazione età dimensioni, probabilmente a seguito di alterazioni morfologiche causate da traumi meccanici, di un rallentamento della crescita causato da stress antropici.

La distribuzione classi d'età di *P. nobilis* all'interno del Lago di Faro, effettuata sugli individui morti, ha evidenziato che il 76% erano esemplari vecchi con un'età compresa tra 7 e 12 anni, e il restante 24% erano individui più o meno giovani con un'età compresa tra 4 e 6 anni.

È evidente che il numero di esemplari morti aumenta con l'aumentare dell'età, similmente a quanto evidenziato per alcune popolazioni studiate da Addis (2009).

La distribuzione classi d'età di *P. nobilis* nel Canale Faro, effettuata sempre su esemplari rinvenuti morti, ha evidenziato che il 55% erano esemplari con un'età massima di 6 anni, e il restante 45 % erano individui più vecchi con un età massima di 10 anni, entrambi con evidenti lesioni ad una o entrambe le valve.

È evidente che il numero di esemplari deceduti diminuisce con l'aumentare dell'età, diversamente da quanto evidenziato per alcune popolazioni studiate da Addis (2009).

È stato dunque ipotizzato che nella zona centrale del Lago di Faro il tasso di mortalità sia maggiore per individui più vecchi poiché risiedono in zone in cui la profondità può anche raggiungere i 3,5 m, vivendo in condizioni più protette dal punto di vista dello stress antropico, e nella maggior parte dei casi la loro morte è dovuta a cause di mortalità naturale, come descritto da Butler et al. (1993).

Al contrario è stato ipotizzato che nelle zone dei canali e in particolare di quello di Faro il tasso di mortalità sia maggiore per gli individui più giovani poiché, residenti in zone con profondità che non superano 1,1 m, sono più soggette a rischio da impatto antropico.

Si auspica che il contributo di tali esemplari morti all'aumento della complessità degli habitat (Harmelin, 1977) possa essere messo in evidenza in ulteriori indagini.

6.3 Dinamica di popolazione

I cambiamenti nel numero di individui, nelle dimensioni e nella densità di *Pinna nobilis*, analizzati in accordo con Garcia et al. (2005) hanno evidenziato che in media la crescita annuale degli esemplari è maggiore per individui con dimensioni minori. È stato evidenziato che gli individui più giovani, con dimensioni comprese tra 19 e 27 cm hanno un tasso di accrescimento annuo di 27,8%, ovvero di circa 6,4 cm in media.

Gli individui più vecchi rallentano il loro accrescimento, aumentando di 2,9 cm ogni anno per il resto della loro vita con una percentuale annuale di 7,2%.

Calcolando una crescita media su base annua per tutti gli esemplari di *P. nobilis* è emerso che la popolazione del Lago di Faro aumenta le dimensioni di circa 4,5cm l'anno. L'accrescimento dei singoli esemplari del Lago di Faro, però, sembra essere più lento rispetto a quanto avviene in altri siti monitorati nel Mar Mediterraneo.

Confrontando i tassi di accrescimento stimati per la popolazione del Lago di Faro con quelli stimati da Siletic e Peharda (2003) per una popolazione al Parco Nazionale di Mljet in Croazia, è emerso infatti che gli esemplari del lago crescono in maniera meno marcata, rispetto a quelli di Mljet che aumentano le dimensioni di circa 5-6 cm l'anno.

È noto che le popolazioni di *P. nobilis* residenti in regioni settentrionali hanno un tasso di accrescimento maggiore rispetto a popolazioni delle zone più meridionali (Garcia-March et al., 2005).

L'analisi sul tasso di mortalità condotta contestualmente all'esperienza di transplanting ha evidenziato che il 10,3% degli individui precedentemente etichettati sono stati rinvenuti morti in posizione vitale. Da ulteriori indagini è stato evidenziato che il numero di esemplari con tasso di mortalità maggiore comprendeva essenzialmente individui più grandi e più anziani con una percentuale di 3,5%. Nel Mediterraneo sono state effettuate altre indagini riguardanti il tasso di mortalità di popolazioni di *P. nobilis* con risultati correlabili a quello ottenuto nel Lago di Faro, come nel caso della popolazione di *P. nobilis* della Baia di Palma a Mallorca studiata da Cabanellas et al. (2007) .

6.4 Transplanting

È noto dalla letteratura che per la conoscenza del ciclo riproduttivo di *P. nobilis* è stato necessario studiare le dinamiche delle popolazioni attuali, che a sua volta, ha aiutato nel proporre misure efficaci per la protezione della specie (Katsanevakis, 2007).

L'insediamento di invertebrati marini bentonici è un processo complesso determinato dall'interazione di fattori biotici ed abiotici che operano a diverse scale temporali e spaziali (Rodriguez et al., 1993).

La decisione di effettuare il transplanting su 70 esemplari di *Pinna nobilis* ha permesso di ampliare le conoscenze e le informazioni riguardo l'efficacia del trapianto di specie appartenenti alla famiglia Pinnidae (Wu e Shin, 1998) e riguardo la conservazione della specie.

Per le operazioni di trapianto sono stati utilizzati esemplari di diverse classi dimensionali e quindi di età.

Lo scopo primario delle operazioni di trapianto è stato quello di verificare quali classi di taglia avrebbero resistito meglio allo stress causato dalle operazioni di prelievo, trapianto e successivo adattamento all'ambiente, in modo da contrastare l'alto tasso di mortalità registrato all'interno dei canali e in particolare di quello di Faro. Dai dati registrati periodicamente in 6 mesi, successivi al primo trapianto di 50 individui, è emerso che 9 esemplari in totale sono deceduti per cause distinte.

È stato ipotizzato che 4 esemplari di *P. nobilis* sono deceduti perché molto vecchi, con dimensioni superiori ai 55 cm, le cui funzioni vitali non hanno loro permesso di sopportare lo stress da trapianto. Contestualmente gli altri 5 erano individui di modeste dimensioni, tra 30 cm e 35 cm che già presentavano lesioni evidenti al momento del prelievo, e in seguito al trapianto non sono sopravvissuti.

35

Una seconda ipotesi in accordo con Cabanellas (2007), rivela che gli esemplari più grandi e anziani possano essere morti in seguito a un danno alla struttura muscolare del piede del mollusco causatosi durante il prelievo.

Dai dati registrati periodicamente in 6 mesi, successivi al secondo trapianto degli altri 20 individui, è emerso che 10 esemplari in totale sono scomparsi e quindi ritenuti morti, pari al 50 % degli stessi trapiantati.

È stato ipotizzato che gli esemplari di *P. nobilis* sono deceduti a causa di predazione da parte di alcuni Sparidae, e in particolare di *Sparus aurata*, che nel periodo di monitoraggio degli esemplari trapiantati sono stati avvistati in prossimità del campo.

Gli individui di *Pinna nobilis* erano esemplari molto giovani, con dimensioni non superiori ai 14 cm, non ancora attrezzati per difendersi dall'attacco di grandi predatori durofagi.

I dati relativi al tasso di mortalità di tutti gli esemplari di *Pinna nobilis* trapiantati nel corso di un anno, hanno permesso di ipotizzare che la classe dimensionale di individui con tasso di mortalità minore, e che hanno risposto bene allo stress da trapianto è quella compresa tra 23 e 39 cm.

Il 59% degli individui trapiantati rimasti vivi ha risposto bene allo stress da trapianto.

La crescita, registrata durante questo periodo ha permesso di valutare la differenza tra le diverse classi dimensionali, evidenziando come gli esemplari di pinna più giovani, con dimensioni non superiori a 19 cm hanno un tasso di crescita molto maggiore, rispetto agli esemplari più vecchi in accordo con Garcia e March, (2005).

Dal confronto tra il tasso di crescita annuale degli esemplari di *Pinna nobilis* trapiantati e quello degli individui al di fuori del campo sono emerse alcune differenze, i giovani del campo sono cresciuti di più rispetto a quelli di fuori, i vecchi di meno, evidenziando ancora una volta differenze nella risposta fisiologica nelle diverse classi d'età. L'emissione dei gameti osservata ad Aprile 2013 e a Maggio 2014 conferma che le condizioni degli esemplari di *Pinna nobilis* all'interno del campo sono ottimali e che gli esemplari hanno superato perfettamente lo stress da trapianto.

Collateralmente a queste conclusioni, è da evidenziare l'attivo spostamento di due esemplari che si sono avvicinati fino a toccarsi, testimoniando la relativa motilità della specie, non ancora del tutto confermata in letteratura, nel caso specifico come strategia atta a favorire la fertilizzazione delle uova.

6.5 Reclutamento

L'intero ciclo di vita di *Pinna nobilis* è ancora poco studiato; per esempio, il tasso di mortalità delle larve è sconosciuto e, per le post- larve e giovanili, ci sono pochissime informazioni disponibili (Katsanevakis 2007).

Butler et al. (1993) affermano che le larve di *P. nobilis* hanno un arco di vita di 5-10 giorni, e che hanno, come la maggior parte delle specie di bivalvi, un reclutamento molto variabile (Katsanevakis 2007).

Poco si sa circa la crescita durante il periodo successivo al reclutamento e alla metamorfosi, anche se la crescita è veloce durante i primi 2-3 anni, e molto più lenta successivamente, in accordo con lo studio della crescita di *P. nobilis* nel Mediterraneo francese (Vicente et al., 1980; Moreteau e Vicente, 1982).

È stato ipotizzato che la mancata cattura di larve di *Pinna nobilis* da parte del collettore per il reclutamento sia stata causata dalla profondità alla quale è stato posizionato rispetto alla superficie dell'acqua, infatti in accordo con lo studio di reclutamento di Richardson e Peharda in Croazia (2004), la percentuale maggiore di assunzione larvale avviene nello strato più superficiale dell'acqua tra 0 e 50 cm.

Le reclute osservate nel canale degli Inglesi, a distanza di un anno dal primo trapianto, potrebbero essere reclute prodotte dai primi 50 esemplari trapiantati all'interno del campo, che rappresentano la quota di popolazione adulta più prossima all'area di reclutamento.

L'arco di tempo molto breve nel quale sono state effettuate le operazioni di reclutamento, e l'insuccesso con il collettore utilizzato non ha permesso di indagare su un eventuale crescita larvale e post- larvale.

7.0 CONCLUSIONI

Le indagini oggetto del presente lavoro aggiungono informazioni utili a proteggere in modo efficace la specie minacciata *Pinna nobilis*. Attraverso la comprensione dei modelli naturali di reclutamento e crescita di *P. nobilis*, potrebbero essere attuate e migliorate le strategie di gestione per controllare e regolare le popolazioni mediterranee di Pinnidae.

I risultati del presente studio si riferiscono a un tentativo di recupero della popolazione di *P. nobilis* nel Lago di Faro, nonostante le difficoltà di un ambiente minacciato dall'impatto antropico.

Il trapianto di esemplari da aree ad alta mortalità a zone di "rifugio", con un basso tasso di mortalità, in cui gli individui possano crescere e riprodursi, supportando le aree adiacenti con meccanismi di spin-off, ha un'importanza cruciale per la sopravvivenza delle popolazioni locali e per la loro protezione.

A tali tecniche di transplanting sarebbe inoltre opportuno che si affiancassero altre strategie attive, quali la raccolta di reclute in natura, sperimentata in questo lavoro, e la riproduzione artificiale, che potrebbero fornire un importante surplus di produzione da destinare a ripopolamento.

Al tempo stesso, una migliore gestione delle aree umide e costiere, che agisca limitando le situazioni di conflitto con le attività umane, realizzerebbe le condizioni ottimali perché tali interventi abbiano una reale efficacia sul lungo periodo.

Ringraziamenti

Desidero ringraziare il Prof.Salvatore Giacobbe, per la grande disponibilità e cortesia dimostratemi, e per tutto l'aiuto fornito durante la stesura di questo lavoro.

Desidero inoltre ringraziare la Cooperativa F.A.R.A.U., in particolare "il Danese", per il supporto logistico fornitoci.

Vorrei infine ringraziare la Provincia Regionale di Messina, ente gestore della Riserva Naturale Orientata di Capo Peloro, Messina.

BIBLIOGRAFIA

Abbruzzese D. e Genovese S. 1952. Osservazioni geomorfologiche e fisicochimiche sui laghi di Ganzirri e di Faro. *Ball. Pesca. Pisc. Idrobiol.* **28**,75-92.

Addis P., Secci M., Brundu G., Manunza A., Corrias S., Cau A., 2009. Density, size structure, shell orientation and epibiontic colonization of the fan mussel *Pinna nobilis* L. 1758 (Mollusca: Bivalvia) in three contrasting habitats in an estuarine area of Sardinia (W Mediterranean). *Scientia Marina.***73**(1):143-152.

Bourgoin B.P., 1990. *Mytilusedulis* shell as a bioindicator of lead pollution: Considerations on bioavailability and variability. *Mar. Ecol. Prog. Ser.* **61**:253-262.

Butler A.J., and Keough M.J., 1981. Distribution of *Pinna bicolor* Gmelin (Mollusca: Bivalvia) in South Australia with observations on recruitment. *Trans. R. Soc. S. Aust.* **105** (1):29-39.

Butler A.J, Vincente N., De Gaulejac B., 1993.Ecology of the pteroid bivalves *Pinna bicolor* Gmelin and *Pinna nobilis* L. *Mar. Life.* **3**:37-45.

Cabanellas-Reboredo. M., Deudero S., Alos J., Valencia J. M., March D., Hendriks E., Alvarez E., 2009. Recruitment of *Pinna nobilis* (Mollusca: Bivalvia) on artificial structures. *Marine Biological Association of the United Kingdom.* Vol (**2**).2:1-19.

Carter J. G., 1990. Shell microstructural data for the Bivalvia. Part III. Orders Praecardioida, Arcoida, Pterioida and Limoida. In: JG Carter (Ed.), Skeletal Biomineralization: Patterns, *Processes and Evolutionary Trends.* Volume I. Van Nostrand Reinhold. New York. pp. 321-346.

Catsiki V. A. and Catsilieri C., 1992. Presence of chromium in *Pinna nobilis* collected from a polluted area. *Fresenius Envir Bull*. **1**:644-649.

Centoducati G., E. Tarsitano, A. Bottalico, M. Marvulli, O. Lai &G. Crescenzo. 2007. Monitoring of the endangered *Pinna nobilis* Linneo, 1758 in the Mar Grande of Taranto (Ionian Sea, Italy). *Environ. Monit. Assess*. **131**:339–347.

Czihak G. e Dierl W., 1961. *Pinna nobilis*L.1758. Ei ne preparation sanleitung. *Gustav Fisher Verlag*. Stuttgart. 44pp.

D'Ancona U. e Battaglia B., 1962. Le lagune salmastre dell'Alto Adriatico, ambiente di popolamento e selezione. *Pubbl. Staz. Zoo*. Napoli. **32**suppl. 315-355.

De Gaulejac B., 1995. Mise en evidence de l'hermafroditisme successif à maturation synchrone de *Pinna nobilis* (L.) (Bivalvia: Pteroidea). *C. R. Acad. Sci. Paris, Sciences de la vie, Biologie et pathologie animal*. **318**:99-103.

De Gaulejac B. e Vincente N., 1990. Ecologie de *Pinna nobilis* (L.) mollusque bivalve sur les cotes de Corse. Essais de transplantation et experiences en milieu controlè. *Haliotis,* **10**:83-100.

De Gaulejac B., 1993.Etude ecophysiologique du mollusque bivalve mediterraneen *Pinna nobilis* L.: Reproduction; croissance, respiration. *Phd Thesis*, Universitèd'Aix-Marseille III, France.

Galinou-Mitsoudi S., Vlahavas G., Papoutsi O., 2006. Population study of the protected bivalve *Pinna nobilis* (Linaeus, 1758) in Thermaikos Gulf (North Aegean Sea). *J. Biol. Res*. **5**:47-53.

Garcìa-March J.R., 2005. Aportaciones al conocimento de la Biologia de *Pinna nobilis* Linneo, 1758 (Mollusca: Bivalvia) en el litoral mediterràneo ibèrico. *Tesis Doctoral*.

García-March JR 2006. Aportaciones al conocimiento de la Biología de *Pinna nobilis* Linneo, 1758 (Mollusca: Bivalvia) en el litoral mediterráneo ibérico. *Servicio de Publicaciones de la Universidad de Valencia*, Valencia. 332 pp.

Garcìa-March, J., A. Garcìa-Carrascosa, A. Pena Cantero & Y. G. Wang. 2007a. Population structure, mortality and growth of *Pinna nobilis* Linnaeus, 1758 (Mollusca, Bivalvia) at different depths in Moraira Bay (Alicante, western Mediterranean). *Mar. Biol.* **150**:861–871.

García -March J. R, García -Carrascosa A.M, Peña A.L and Wang YG 2007b. Study of the population structure, mortality and growth of *Pinna nobilis* in two populations located at different depths in Moraira bay. *Mar Biol.* **150**:861-871.

Garcıa-March, J. R. & A. Marquez-Aliaga. 2007b. *Pinna nobilis* L., 1758 age determination by internal shell register. *Mar. Biol.* **151**: 1077–1085.

Garcia-March, J. R., A. Marquez-Aliaga, Y. G. Wang, D. Surge & D. K. Kersting, 2011. Study of *Pinna nobilis* growth from inner record: how biased are posterior adductor muscle scars estimates? J. *Exp. Mar. Biol. Ecol.* **407**:337–344.

Gómez-Alba, J. A. S., 1988. Guía de campo de los fósiles de España y de Europa. *Ediciones Omega S. A.*, Barcelona. 925 pp.

Guallart J., 2000. Seguimiento de *Pinna nobilis*. In: Control y Seguimiento de los Ecosistemas del R.N.C. de las Islas Chafarinas. *Informe GENA S.L.* para O.A.P.N. (Ministerio de Medio ambiente). pp 480-489.

Harmelin J. G., 1977. Bryozoaires des Ilesd'Hyères: cryptofaune bryozoologique des valves vides de *Pinna nobilis* rencontrèesdans les hebiers de posidonies. *Travaux Scientiviques du Parc National de Port Cros*. **3**:43-157.

Hendriks I. E., Basso L., Deudero S., et al., 2012. Relative Growth Rates of the Noble Pen Shell *Pinna nobilis* Throughout Ontogeny Around the Balearic Islands (Western Mediterranean, Spain). *Journal of Shellfish Research*, **31**(3):749-756. 2012.

Katsanevakis S., 2005. Population ecology of the endangered fan mussel *Pinna nobilis* in a marine lake. *Endang Species Res*. **1**:1-9.

Katsanevakis S., 2007. Density surface modelling with line transect sampling as a tool for abundance estimation of marine benthic species: the *Pinna nobilis* example in a marine lake. *Mar. Biol.* **152**: 77-85.

Katsanevakis S., 2007b. Growth and mortality rates of the fan mussel *Pinna nobilis* in Lake Vouliagmeni (Korinthiakos Gulf, Greece): a generalized additive modeling approach. *Marine Biology*, **152**:1319-1331.

Katsanevakis S., 2009. Population dynamics of the endangered fan mussel *Pinna nobilis* in a marine lake: a metapopulation matrix modeling approach. *Marine Biology*, **156**:1715-1732

Leonardi M., Azzaro F., Caruso G., Mancuso M., Monticelli L.S., Maimone G., La Ferla., Raffa F., Zaccone R., 2009. A multdisciplinary study of the Capo Peloro brackish area (Messina, Italy): characterization of the trophic conditions, microbial abudances and activities. *Marine Ecology*, **30**:33-42.

Licata P., Trombetta D., Cristiani M., Martino D. e Naccari F., 2004. Organo chlorine compounds and heavy metals in the soft tissue of the mussel *Mitilus galloprovincialis* collected from lake Faro (Sicily Italy). *Enviroment Internacional*, **30**:805-881.

Moreteau J.,& N. Vicente. 1982. Evolution du ne population de *Pinna nobilis* L. (Mollusca, Bivalvia). *Malacologia*. **22**:341–345.

Peharda M., Vilibić I., 2008. Modelling the recruitment effect in a small marine protected area: The example of saltwater lakes on the Island of Mljet (Adriatic Sea). *Acta Adriatica*. **49**(1): 25-35.

Richardson C.A., Kennedy H., Duarte C.M., and Proud S.V., 1999. Age and growth of the fan mussel *Pinna nobilis* from south-east Spanish Mediterranean seagrass (*Posidoniaoceanica*) meadows. *Marine Biology*. **133**:205-212.

Richardson C.A., Peharda M., Kennedy H., Kennedy P., Onofri V., 2004. Age, growth rate and season of recruitment of *Pinna nobilis* (L) in the Croatian Adriatic determined from Mg:Ca and Sr:Ca shell profiles. *Journal of Experimental Marine Biology and Ecology*. **299**: 1– 16.

Rodriguez S. R., Ojeda F. P., and Inestrosa N. C., (1993). Settlement of benthic marine-invertebrates. *Marine Ecology Progress Series*. **97**: 193-207.

Saccà A., Guglielmo L., Bruni V., 2008.Vertical and temporal microbial community patterns in a meromictic coastal lake influenced by the Straits of Messina upwelling system. *Hydrobiologia*. **600**:89-104.

Siletic T., Peharda M., 2003. Population study of the fan shell *Pinna nobilis* L. 1758., in Malo and Veliko Jezero of the Mljet National Park (Adriatic Sea). *Scientia Marina*. **67**(1): 91-98.

Templado J., Calvo M., Garvía A., Luque A. A., Maldonado M. y Moro L., 2004. Guía de invertebrados y peces Marinos protegidos por la legislación nacional e internacional. *MMA -CSIC*. Madrid. 214 pp.

Tonolli V., 1964.lntroduzione allo studio della limnologia. *Ist. Ital. Idrobiologico. Verbania Pallanza.*

Vatova A., 1962. Rapporti tra concentrazione dei sali nutritivi e produttività delle acque lagunari. *Ric. Sci.* **32**(11-B) 44-51.

Vicente N., J. Moreteau, & P. Escoubet, 1980. Etude de l'evolution d'une population de *Pinna nobilis* L. 1758., (mollusque eu lamellibranche) au large de l'anse de la Palud (Parc National sous-marin de Port- Cros). *Trav. Scient. ParcNatn. Port-Cros.* **6**:39–68.

Wu R. S. S. and Shin P. K. S., (1998). Transplant experiments on growth and mortality of the fan mussel *Pinna bicolor. Acquaculture.* **163**: 47-62.

Yonge C.M., 1953. Form and habit in *Pinna Carnea* Gmelin. *Philosophical Transactions of the Royal Society of London.* **237**:335-374.

Zavodnik, D., M. Hrs-Brenko & M. Legac. 1991. Synopsis on the fan shell *Pinna nobilis* L. in the eastern Adriatic Sea. In: C. F. Boudourescque, M. Avon & V. Gravez, editors. *Les especes marines a protegeren Mediterrane´. Marseille: GIS Posidonie.* pp 169–178.

Printed by Books on Demand GmbH, Norderstedt / Germany